生命日记

木本植物

桃树

乔建磊 杨瑞芹 编写

吉林出版集团股份有限公司 全国百佳图书出版单位

图书在版编目(CIP)数据

生命日记. 木本植物. 桃树 / 乔建磊,杨瑞芹编写. -- 长春: 吉林出版集团股份有限公司, 2018.4

ISBN 978-7-5534-1416-4

Ⅰ. ①生… Ⅱ. ①乔… ②杨…Ⅲ. ①桃—少儿读物 Ⅳ. ①Q-49

中国版本图书馆 CIP 数据核字(2012)第 316679 号

生命日记·木本植物·桃树

SHENGMING RIJI MUBEN ZHIWU TAOSHU

编　　写 乔建磊 杨瑞芹
责任编辑 林　丽
装帧设计 卢　婷
排　　版 长春市诚美天下文化传播有限公司
出版发行 吉林出版集团股份有限公司
印　　刷 河北锐文印刷有限公司
版　　次 2018 年 4 月第 1 版　2018 年 5 月第 2 次印刷
开　　本 720mm × 1000mm　1/16
印　　张 8
字　　数 60 千
书　　号 ISBN 978-7-5534-1416-4
定　　价 27.00 元
地　　址 长春市人民大街 4646 号
邮　　编 130021
电　　话 0431-85618719
电子邮箱 SXWH00110@163.com

目录

Contents

目录

Contents

目 录

Contents

目 录

Contents

桃 树

我的外观艳丽、味道鲜美、芳香诱人，深受世界各国人民喜爱。我的营养价值很高哦，含有蛋白质、脂肪、糖、钙、磷、铁、维生素 B、维生素 C 等成分，被视为吉祥之物呢，素有“仙桃”“寿桃”的美誉。

我进入了休眠期

12月18日 周四 晴

现在我们还是妈妈的孩子，当作为果实的我们完全成熟后，小主人留下了一些种子，就是桃核，为了明年播种用。想让我们发芽可不简单，要让我们度过休眠期，也就是让我们好好地睡上一觉。小主人先给我们洗了个澡，又让我们在水中泡了一两天，然后将我们和一些河沙均匀地混在一起，放在背阴处的花盆中。小主人每过几天就要来观察一次，看看我们是否缺水或者有没有霉烂。小主人可真是个细心人！

我进入了梦乡

12月19日 周五 晴

我身上穿着一件厚厚的衣服，我多想看看外面的世界，但还要经过一个复杂的过程，要在细沙中度过3个多月的休眠期。周围湿湿的，漆黑一片，我一直在沉睡着。时而我还幻想着我的未来：明年3月下旬我将苏醒，我要在水中遨游一周时间，喝得饱饱的，搬进小主人为我准备的新家，发芽，生长，去欣赏大自然的美景！

我的名字叫桃

1月1日 周二 晴

我的名字叫桃，人们常说的“桃李满天下”中的“桃”就是我。我们家族的兄弟姐妹很多，有油桃、蟠桃、寿星桃和碧桃等。我的花非常漂亮，可供人们观赏，“面若桃花”常常被用来形容人长得漂亮。我的果实可以生食或用作桃

脯、罐头等的原料。我的核仁也可以食用。经过了漫长的休眠期，等到天气再暖和一些，我就要发芽了，开出美丽的花，结出鲜嫩多汁的果实。小主人，你是不是也很期待着那一天呢？

说说我自己的事

3月2日　周日　晴

趁着这几天没事，我来介绍一下我们这种植物的习性吧。我家的选址可讲究了，要阳光充足、土壤肥沃、透气性能好，而且冬季既不能太冷，也不能太热，因为太冷我不能安全过冬，太热又不利于我休眠。其实我的适应性也是蛮强的，只要冬季绝对温度不低于-25℃，平均温度不低于7.2℃的天数在1个月以上，我都可以很好地生长。

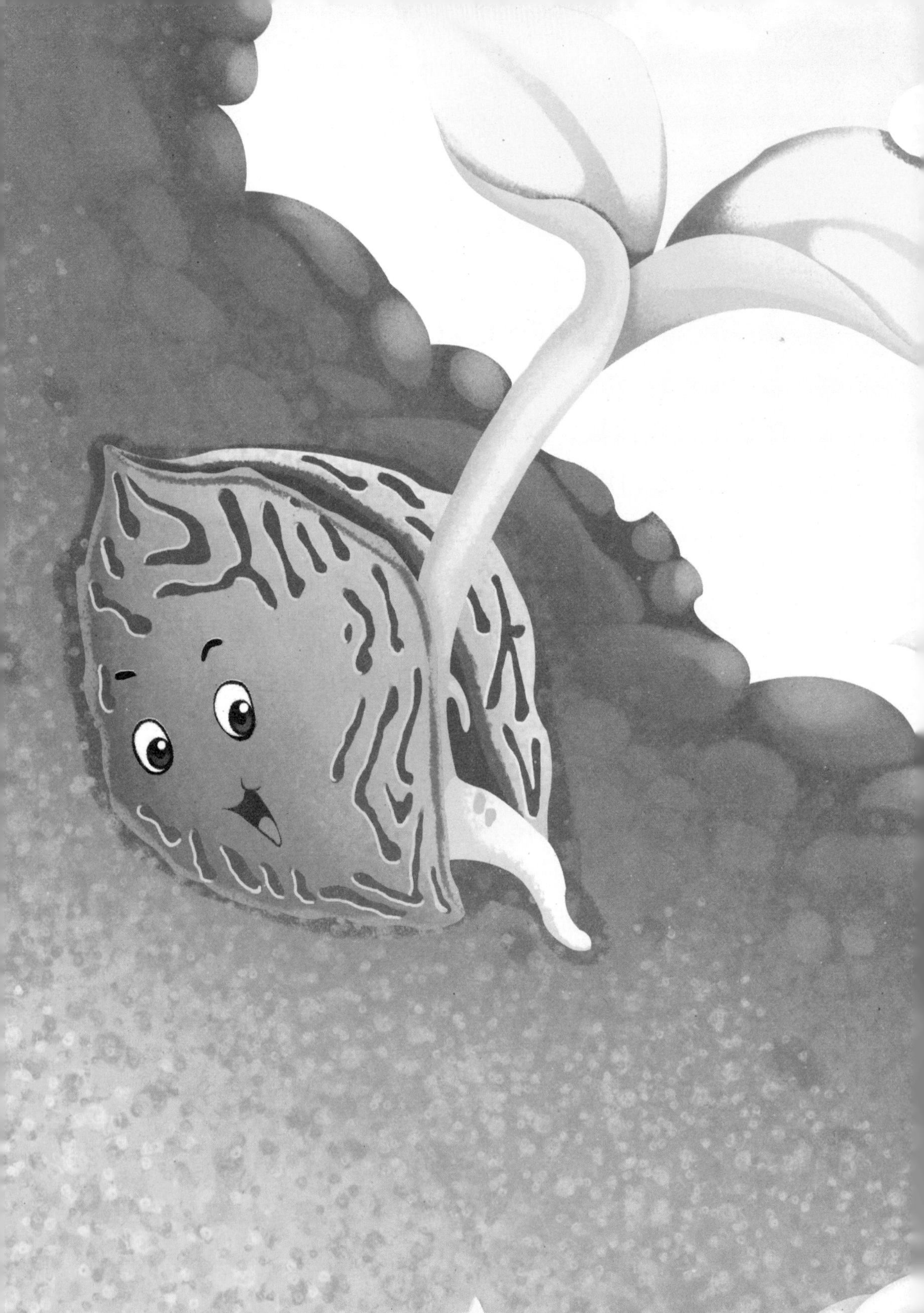

我长出了小小的苗

4月15日 周三 晴

时间过得真快呀，转眼我已沉睡了3个月，主人给我洗了一个澡，然后我搬到了位于黑色土壤中的新家。土壤温暖，湿润。呀！我的壳子裂了一条缝，我小心翼翼地伸出脚，第一次和大地来了一次亲密接触，原来这般湿润，这般温暖，这种感觉真的是太美好了。我舒服地伸了一个懒腰，展开了两片子叶。主人给我用的土壤富含多种营养，有了这些营养，我就能吃的饱饱的，然后快点儿长大呢！

我要长大了

5月1日　周四　晴

今天早晨，小主人量了身高，说她长高了2厘米。我也要快点长高，绝对不能输给小主人。我的根和叶在努力地吸收着养分，供给我身上的各个器官。我觉得身上充满了力量，这是营养充足的结果。过一段时间，我的新梢也要进入迅速生长期。到了那个时候，我的枝条每天都会长出一段。这个生长速度是很快的，小主人，你可比不过我啊！

抓虫子

6月2日　周二　多云

天气越来越暖和了，害虫也开始出来活动了。我的叶片已经被虫子咬破了，小主人快来帮我抓虫子啊！叶片可是植物非常非常重要的一部分，它通过光合作用为植物提供营养，如果没有叶子的话，植物就会死的。小主人快来救我啊！小主人好像也发现了我的不对劲儿，赶快过来查看，发现虫子正在为害我的身体，赶快将早就准备好的杀虫剂配好浓度，均匀地喷在我的身上，害虫很快被杀死，我终于可以松一口气了。

我用叶子也能“吃饭”呢

7月2日　周四　晴

今天阳光明媚，太阳公公笑眯眯地望着大地，我能感觉到自己正在快速生长。叶子在使劲儿地制造营养，输送给身体各个部分；根也不停地汲取着大地的养分供给叶子。可这还是不能满足我的胃口，我还要更多更多的营养品。小主人也知道我正在生长，需要营养，为了能迅速满足我的需要，小主人要给我加餐了。小主人将肥溶于水中淋在我的身上。真好！谢谢你，小主人。

消灭“敌人”

7月15日 周三 晴

小主人为了让我成长得更快、更好，特意为我配制了营养土，实在是太好了。但是我周围的杂草也开始拼命吸收营养，迅速生长，可是土壤里的营养是有限的，我觉得我已经开始“吃不饱”了，长得没有那么快了。小主人好像也发现了这一点，赶快帮我把杂草除掉。这下没有人跟我争吃的了，我又恢复了精神头，开始快速生长。

我的茎变硬了

9月1日 周二 晴

经过了好几个月的生长，我已经长得很高了。今天，我觉得自己的身体好像发生一些变化，似乎我的身材变得更挺拔了，风吹过，我的身体也不会再被风吹倒了。原来，我的茎已经开始木质化了，这是我从“草”变成“树”的开始，这是不是标志着我长大了呢？就像主人常说的成年了。我好想更快点看到开花结果的时候啊！为了这个目标，我要快快长高长大，加油！

我要在暖暖的屋子里越冬喽

10月20日　周二　多云

寒风吹过，我不禁打了一个哆嗦。昨天刚刚下了一场霜，今天气温下降很多。我觉得好冷啊，而且感觉很困，一点儿精神都没有。主人看出我的状态不好，知道天气凉了，要给我换换地方了。于是，小主人拿着铁锹，把我和我的脚周围的泥土一起挖了出来，把我放在了一个深窖里，摆了一个非常舒服的姿势。我静静地躺下，感觉那样的温暖，我的眼皮开始打架了，我真的困了。主人把我安放好后，把窖门用厚厚的帘子盖上了，我在舒服的暖窖里，慢慢地睡了，那么香甜！

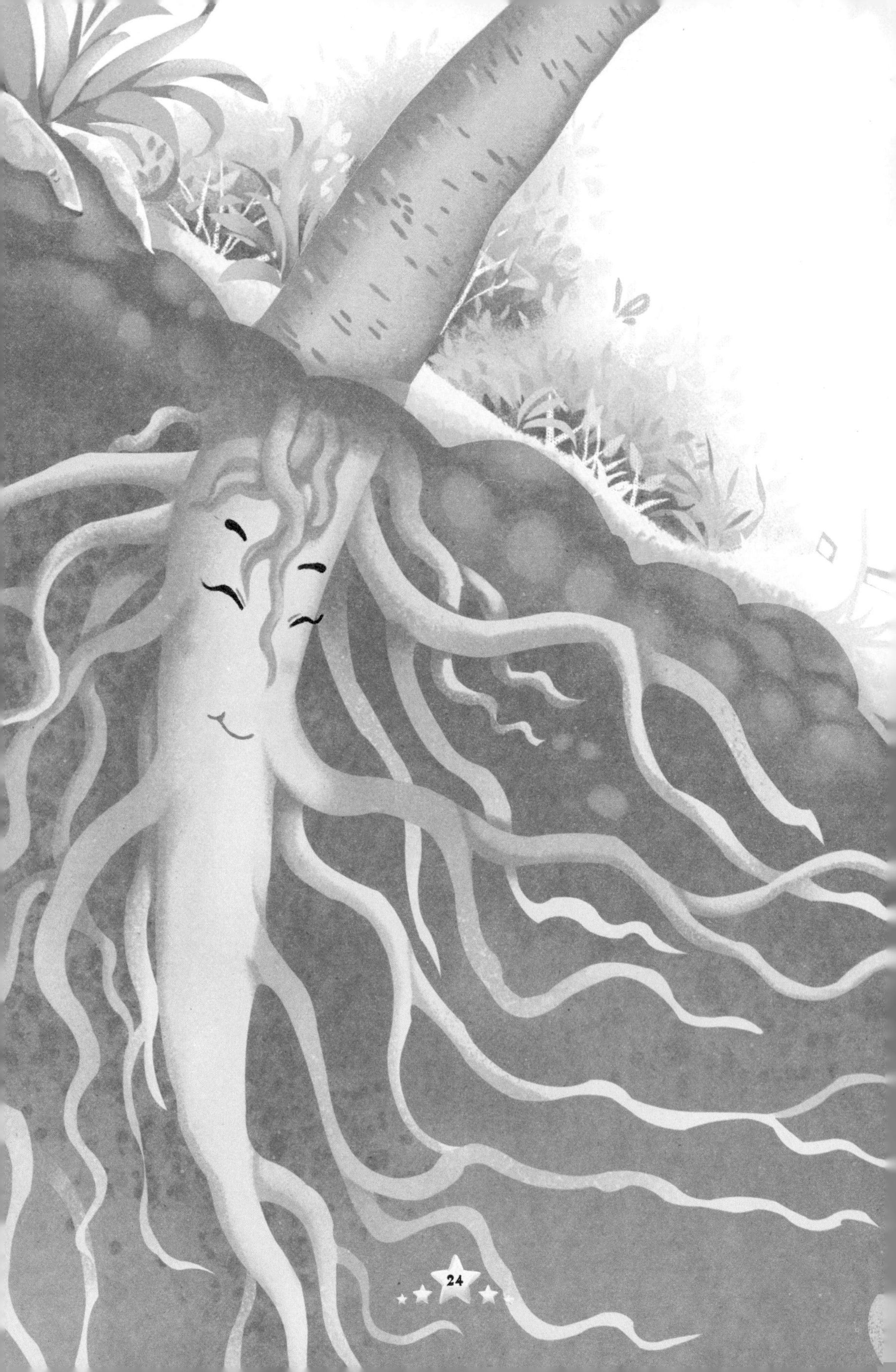

我的“脚”开始活动了

2月12日 周日 晴

地面温度已经0℃以上，我的“脚”，也就是根开始活动了，并且长出了很多须根。我的根很聪明，会自觉地朝着土壤疏松、水分充足、养分丰富的地方生长。咦？我的根好像碰到了一块湿润的土壤。对，确实非常湿润，我要赶快多喝点儿水，多吸收点儿养分。经过一冬天的休眠期，我确实太渴了，太饿了。我要吃饱喝足，精力充沛地去发芽、生长、开花和结果。

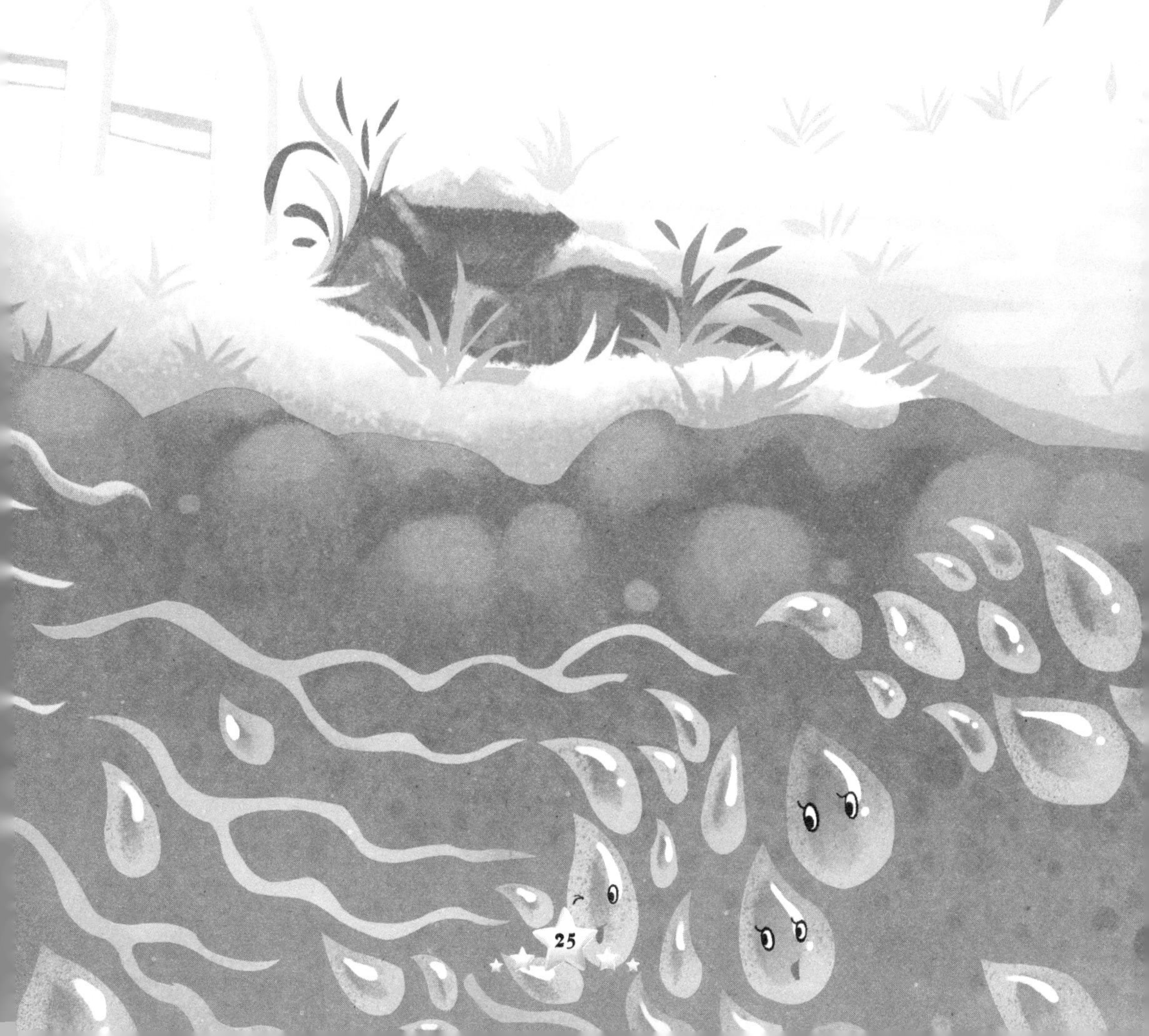

我觉得饥肠辘辘

2月15日 周三 晴

我的“脚”活动得越来越剧烈了，我觉得好饿啊，看来是需要补充养分了。现在正是我长个子的时候，每天都感到饥肠辘辘！小主人好像听见了我内心的呼唤，买回了肥料。

她干得十分起劲儿，脱掉了厚外套，拿起小铁锹在我周围挖了一圈沟，按说明书将肥料倒在沟里，再用土盖上。太好了！这样等到下雨或者小主人为我浇水的时候，我就可以喝到含有营养的水了。到那时，我将不会渴，也不会饿，会长得更高！

我喝足了水

2月20日 周一 晴

小主人果然知识丰富，施过肥，马上又给我浇水。我现在正处在萌芽前的关键时期，这个时候不能缺水，否则我就不能正常发芽生长，将来结果也不会很多。现在给我浇的水真是及时雨啊！不过小主人，你可一定要一次把水浇透啊，因为春天气温低，浇水次数多了会降低地温，这样我会感到非常不舒服，弄不好还会生病，甚至会导致我的结果量减少。

我长出了花芽儿

2月25日 周六 晴

今天天气特别好，金色的太阳照得大地暖洋洋的。我好像要发芽了，枝条上已经鼓出了一个个的小疙瘩，弄得我浑身痒痒的，非常不舒服。要是有人帮我抓抓痒该多好啊！小主人好像听见了我的呼唤，轻轻抚摸着我的枝条，生怕下手重了，碰掉我刚刚萌发的芽孢。小主人指着我的芽孢说："这里很快就会长出小花了。"太好了！我的花芽很快就会变成花蕾，然后绽放出美丽的花朵！

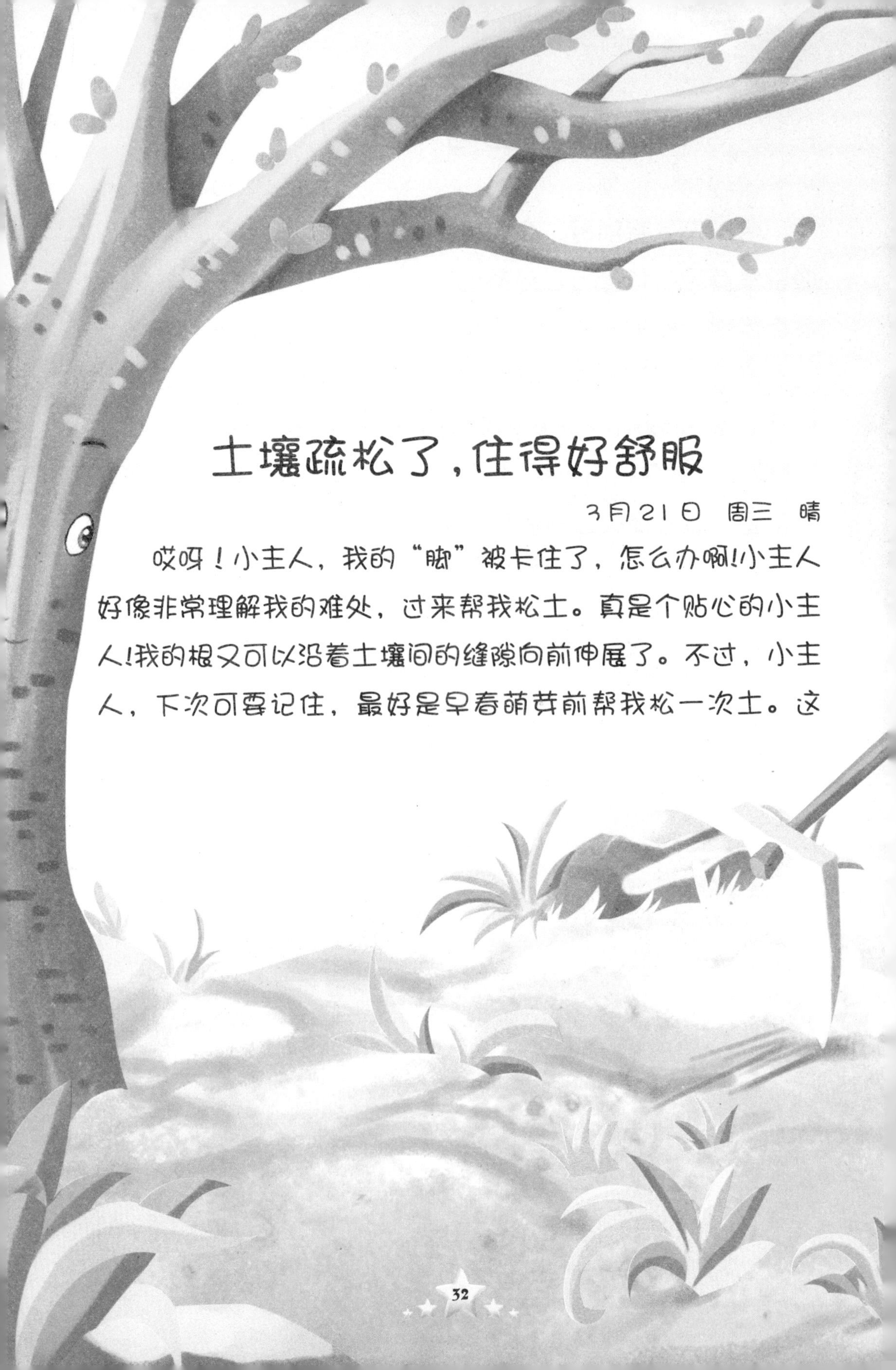

土壤疏松了，住得好舒服

3月21日 周三 晴

哎呀！小主人，我的“脚”被卡住了，怎么办啊!小主人好像非常理解我的难处，过来帮我松土。真是个贴心的小主人!我的根又可以沿着土壤间的缝隙向前伸展了。不过，小主人，下次可要记住，最好是早春萌芽前帮我松一次土。这

样，不仅可以使土壤变得疏松，还可以顺便除掉杂草，一举两得。但松土的次数和深度要掌握好，不然会造成肥力下降，土壤变硬，不利于我的生长。所以，在我的根生长高峰前灌水，然后再松土比较好。

我需要打预防针

3月27日　周二　多云

天气越来越暖和了，在我发芽的同时，病菌高发期也到了。我经常被桃树缩叶病侵害。小主人怕我生病，早早买来了杀菌剂，准备给我打“预防针”。今天，小主人按照说明书，将杀菌剂和水按比例调好，均匀地喷洒在我的身上。我好像穿上了一层防护服，再也不用害怕病菌的侵害了。小主人，谢谢你！

我参加了家族大会

3月30日 周五 晴

今天我要和其他几个姐妹开一个家族大会，主题是报告一下我们各自的成熟期，因为小主人说她想几个月都能吃上桃子。经过大家七嘴八舌

的讲述，最后的结果是早熟品种“五月火”6月5号左右成熟，“早红霞”6月22号前后成熟，“瑞蟠”7月初成熟，“早久保”7月中旬成熟，中熟品种“京玉”8月上旬成熟，“瑞光”8月中旬成熟，晚熟品种“京艳”9月初成熟，垫后的是“晚密”，9月底成熟。小主人，这个结果你满意吗？

我变得漂亮了

4月3日 周二 晴

小主人，你有没有发现，我今天变得漂亮了。我的花芽经过一段时间的生长，今天终于绽放了。它由5枚花瓣组成，是粉色的，在阳光的照耀下格外动人。人们常说的“人面桃花相映红”，就是在夸奖我的美丽。我的花引来了好多的蜜蜂，它们成群结队地在花丛中飞舞，一朵花一朵花地采蜜，从早忙到晚，真是一群勤劳的小蜜蜂啊！它们在采蜜的同时，又帮助我授了粉。小蜜蜂，真是太谢谢你们了！

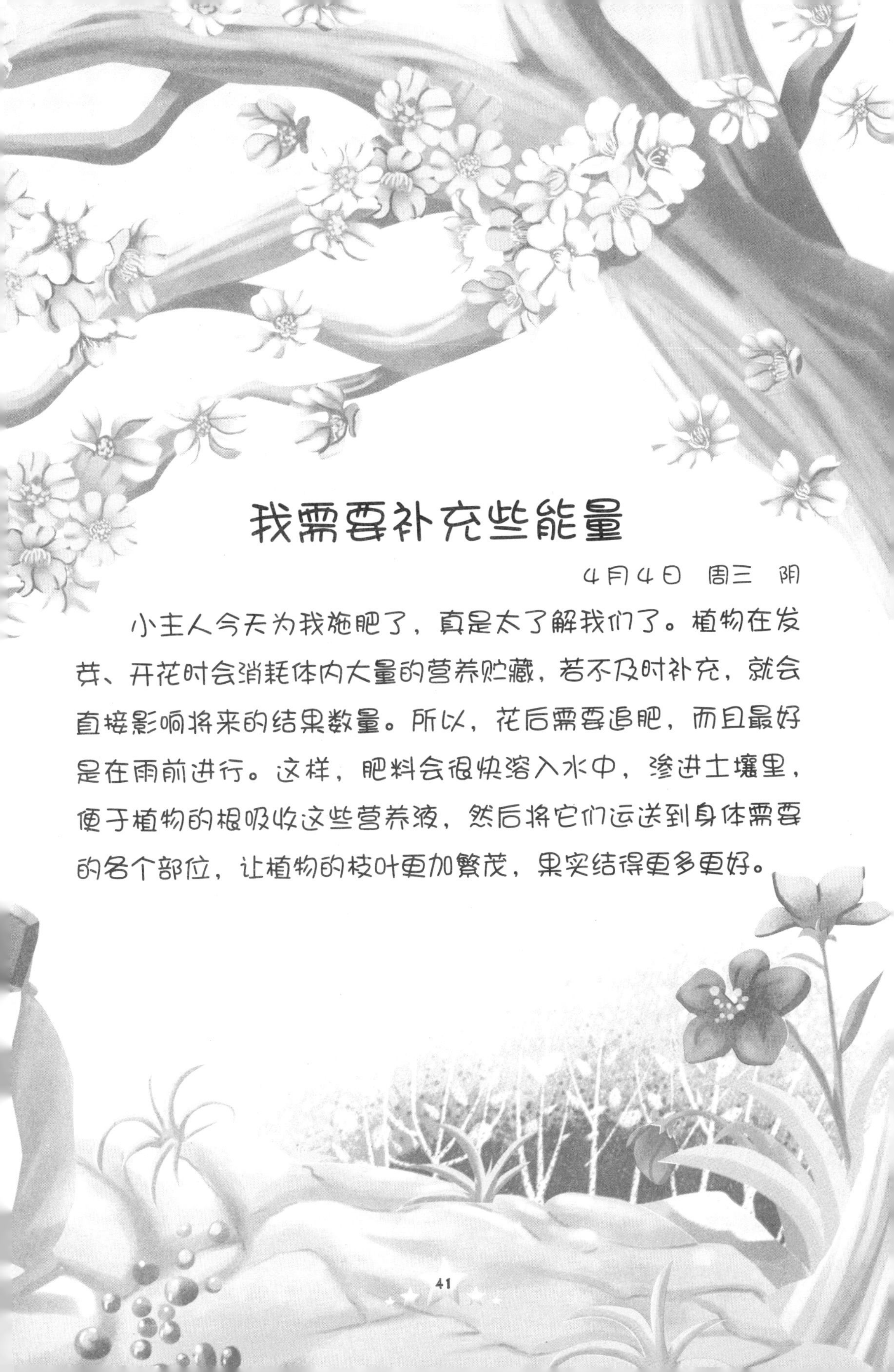

我需要补充些能量

4月4日　周三　阴

小主人今天为我施肥了，真是太了解我们了。植物在发芽、开花时会消耗体内大量的营养贮藏，若不及时补充，就会直接影响将来的结果数量。所以，花后需要追肥，而且最好是在雨前进行。这样，肥料会很快溶入水中，渗进土壤里，便于植物的根吸收这些营养液，然后将它们运送到身体需要的各个部位，让植物的枝叶更加繁茂，果实结得更多更好。

小主人为我进行了人工授粉

4月6日　周五　晴

为了增加我的结果数量，小主人今天为我进行了人工授粉。她用授粉器在其他的花上沾取花粉，再小心翼翼地涂抹到另一朵花上。可是，小主人你知道吗，人工授粉的时间可是很有讲究的。通常在开花 1～2 天内花柱头的分泌物最多，是接受花粉的最佳时间，也是提高授粉成功率的最佳时机。小主人现在的样子，简直像一只勤劳的小蜜蜂。

我变得浑身轻松

4月8日 周日 晴

经过小主人的精心调理和细心呵护，我生长得非常好，鲜花挂满了枝头。小主人发现我的花好像太多了，担心我身体承受不了，帮我去掉了一部分花。她这么做是有道理的，虽然除掉一部分花会减少果实的数量，但剩下来的花会结出更大更甜的果实。否则，如果让所有的花都结果，将导致果实大小不一，同时还会使我体内的营养消耗过大，影响明年的产量。

我可以更健康地成长了

4月10日 周二 晴

为了我能健康成长，小主人可以说是煞费苦心。刚为我去除了多余的花，今天又来给我抹芽，就是去除多余或不该长的芽。这也是有道理的，这样可以避免无用

枝的生长，节省养分，改善光照，让我更加健康地成长。为了我的成长，小主人真的是付出了很多的汗水。我一定要快快成长，早日结出又大又甜的果实，回报小主人对我的爱护和悉心照料。

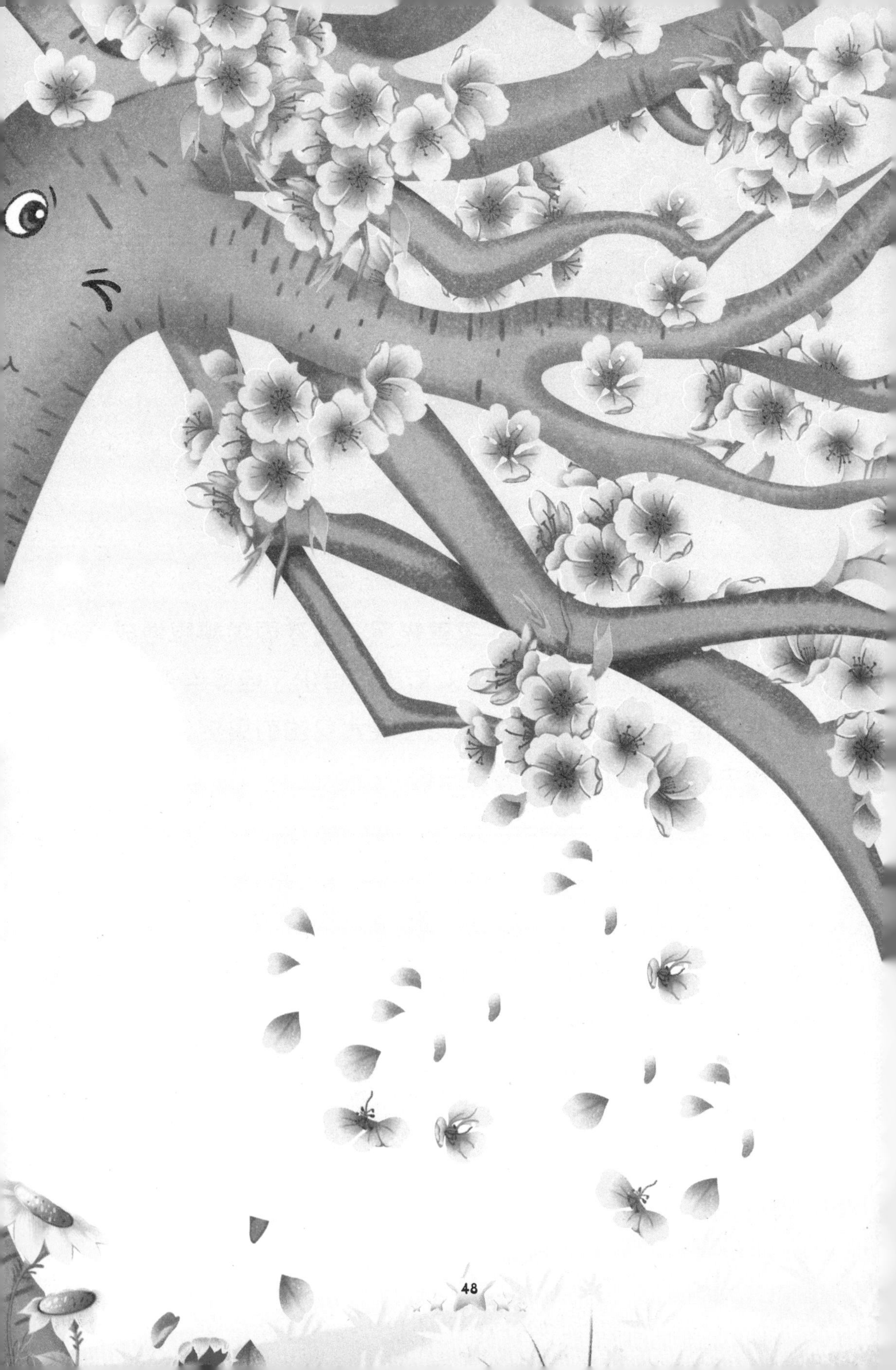

我的叶子长出来了

4月16日 周一 晴

我的第一片叶子终于长出来了，它虽然现在还只有指甲大小，但它会很快长大的，长成一片真正的叶子。你知道吗？叶片中存在一种分生组织，它会不断地进行细胞分裂，使叶子长大。一片叶子一年只生长一次，长到一定大小后，就不再长了，这个过程需要 30～60 天吧。小叶子，快快长吧！长大了才能进行光合作用，为我提供更多的营养，也为人类制造出更多的氧气。

我可爱的果实

4月20日 周五 晴

连续几天都是蓝天白云、清风和煦，我身上的一个个小果子欢乐地翩翩起舞。我高兴，小主人也高兴。回想去年，简直不堪回首。去年花开时节，连续几天的低温多雨，我雄花上的花粉整日闷闷不乐，无心出去约会。雌花收不到雄花的花粉，也就无法受精，更无法形成果实。我只结了几个果实，连累小主人吃不到她爱吃的桃子。我今年一定要好好地生长，结出大大的果实，弥补去年的不足。

我的叶子笑得好开心

4月22日 周日 晴

果实开始慢慢长大，自然对营养的需求也在不断增加。小主人怕我营养不良，开始为我喷施叶面肥。她按照使用说明，将肥和水按比例配

好，用喷雾器喷洒到我的叶子上。植物的叶子不仅能进行光合作用，还可以吸收营养。你看，我的叶子正张开一张张小嘴，贪婪地吮吸着叶子上的营养，还不时发出欢快的笑声。

先打个预防针

4月24日　周二　阴

连续几天的阴天，我浑身感觉痒痒的，低头一看，有几只小虫子在我身体上和叶子上动来动去，弄得我一个劲儿地打喷嚏。本来我还想和它们玩一玩呢，可是它们却在那啃我的树干，吃我的叶子。它们可真坏，我不想跟它们玩了。于是，小主人拿来喷雾器，装上药水，把小虫子赶跑了。小主人说它们会影响我成长的。

我很容易口渴

4月26日　周四　晴

今天万里无云，湛湛蓝天。雷公公好久都没有打雷了，雨婆婆好像也睡觉了。现在我的果实虽然生长缓慢，但种胚处在迅速生长的状态。所以，小主人我好渴啊！小主人仿佛听到了我的呼声，提来一桶水，站在我的面前，对我说："小树啊，我知道该给你浇水了，但是这个时候浇水不能太多，也不能太少。太多了，就影响你结果实了，太少了，你的果实就长得不结实，容易掉。所以我得给你浇一浅层。你要明白哦！"小主人以为我听不见，但是我听得很清楚，我太感动了，小主人的关怀真是细致入微啊！

我要有小伙伴了

5月5日　周六　晴

小主人怕我孤单，决定繁殖一些小树苗和我做伴。小主人先选好了一块地，将土壤翻松，又在土壤中加入了一些沙子和有机肥料。这样，土壤就会变得疏松透气，而且富有营养。她将我的新梢剪下一部分，切成几段，每段3～4厘米长，末端沾上生根剂，插到这块土壤里。小主人还在这块地上面盖了一个小塑料拱棚，创造了一个适合生长的小环境，让这些新梢尽快地长出根来，成为一株株健康的小树苗。

我又浑身充满了活力

5月18日　周五　晴

随着果实一天天长大，我体内的营养积蓄快消耗光了，我觉得浑身无力，而且饥肠辘辘，打不起精神。幸亏小主人是一位小专家，早就为我准备了好吃的，为我施了肥。我尽情地吃着，吃得饱饱的，觉得又有了劲，浑身充满了活力。我要快快成长，长得枝繁叶茂，然后再结出一颗颗又大又甜的桃子，来报答小主人对我的关爱和呵护。

我有一种头重脚轻的感觉

5月20日 周日 晴

今年可谓是风调雨顺，再加上小主人的精心呵护，我现在已是枝繁叶茂，小小的果子挂满了枝头，体内的各个器官也充满了生机。我的新梢正值旺盛生长期，可是根却生长得很慢，让我有一种头重脚轻的感觉。小主人好像看出了我的不适，怕我的“脚”又卡在土壤里，决定给我松松土。不过，小主人为了不伤害我的根部，只浅浅地翻松了树下表层的土壤。

我又焕发了生机

5月21日 周一 晴

接连几天的酷热，我觉得喘不过气来，叶子也快要蔫了。小主人，快来给我浇点水吧，快要渴死了。小主人不愧是一个小专家，注意到了我的状态，提着一把喷壶，向我走来。她为我浇水，一连浇了三壶。我的根贪婪地喝着清凉的水，似乎要把几天来散失的水分一下子补回来。喝完水我觉得轻松了许多，又有精神了，叶子也挺了起来。小主人看在眼里，高兴地笑了。

瘦身后我觉得一身轻松

5月23日　周三　晴

我的花受粉已经有一段时间了，最近几天，我的果实慢慢变大，一个枝条上长了好几个果实，大家争先恐后地争夺营养，结果都长得有些力不从心。小主人看到后，决定给我瘦瘦身，摘掉一些长得太密或是不太健康的小果实。选择也不是一件轻松的事情，她仔细地观察着，尽量保留枝条中上段的果实。如果一个枝条上只有一两个果实，则全部保留。瘦身后我觉得一身轻松。

经过修饰的我更漂亮了

5月25日　周五　晴

在小主人的精心照料下，我现在可是营养充足、精力旺盛，不但枝繁叶茂，新梢也生长迅速。可是枝条过旺也不见得是一件好事，会影响通风和透光。小

主人及时发现了这个问题，拿着修枝剪为我进行夏季修枝，说这可以控制过旺生长，改善树冠内的光照和通风条件，还有利于坐果。小主人看着乱七八糟的枝条，细心地比量着，架势很像个理发师。经过小主人的一番梳理，我变得更漂亮了。

我要“摘心”

5月27日　周日　晴

“摘心”说的是新梢长到 20～30 厘米的时候，摘除主枝附近的细小的枝条、影响我美观的新梢。摘心以后，我的主枝周围的那些没有必要的枝枝叶叶被拿掉了，可以保证我吸收的营养用到最需要的地方，使我的体格更加强壮。我现在正处在旺盛的生长阶段，小主人精心给我播撒的营养可不能浪费啊。摘心还能保证我生长出更多更好的花芽，小主人对我真是呵护有加，我好感动啊！我一定要长得漂漂亮亮的来回报小主人。

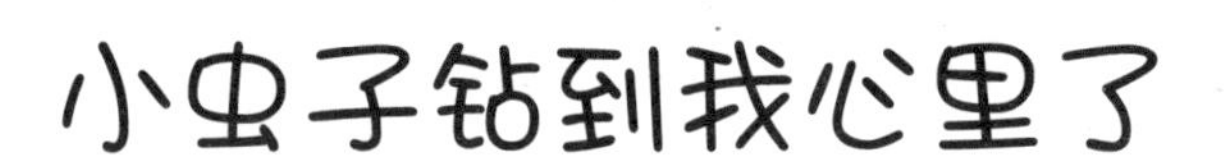

小虫子钻到我心里了

5月29日　周二　晴

哎呀！小主人快来，我的果子被虫子吃了，咬的我好疼啊！咦？原来是做梦啊，我的果实还好好地挂在树上呢，我不好意思地看着小主人笑了。小主人却没有这么轻松，虽然现在没有虫子吃果，但是蛀果类害虫就快要出土侵害我了，小主人将准备好的农药按说明书的比例配好，均匀地喷在我周围的地上，喷后还把地面的土浅拌了一下，这样就不怕害虫从土里钻出来侵害我了。

我穿上了漂亮衣服

6月4日　周一　晴

瘦身后，小主人用旧报纸做成一个个小纸袋，小心翼翼地套在我的果实上。这可不是怕我冷，而是怕我的果实受到害虫、病菌侵害，而且能减少裂果，保证果实长得光鲜漂亮。小主人说，这个小纸袋并不是一直套着，在采收前的2～5天就要将它们摘掉，这能促进果实着色。为了我的健康成长小主人可谓是煞费苦心了！

我身上的小伙伴

6月15日 周五 阴

今天太阳公公没有出来，风姐姐心情好像很好，我在风姐姐的帮助下做起了早操，左扭扭，右扭扭，前伸伸，后弯弯。咦，我身上怎么又多几个小朋友呢？“小主人，小主人，您快来看看我啊？它们怎么在我身上动来动去啊？我好害怕啊！”小主人过来瞅了瞅告诉我，这些小花蜻、草蛉和瓢虫是来保护我的，它们是来抓害虫的。哦！是这样的，那谢谢你们喽！你们在我身上好好玩吧！

桃病菌来欺负我了

6月20日　周三　多云

虽然现在的我健健康康的，但是小主人说现在天气湿热是病菌的高发期，如果不及时预防，很容易生病，所以为了我不生病，要给我打“预防针”了。小主人把已经准备好的杀菌剂按照说明书的比例加水兑好，仔细均匀地喷在我身上，生怕遗漏一点。穿上了“盔甲”，我现在像不像一位将军？病菌你来了，我也不怕你了，因为小主人把我照顾得无微不至呢！

我又多了一些小伙伴

6月26日　周二　晴

昨天下过小雨，今天空气很清新，散发着淡淡的泥土气息。远远望去，远处绿油油的小草正随风飘舞，玩的好开心啊！要是有它们和我做伴该多好啊！小主人今天也很早就来看我，手里还拿着一些小小的种子在我周围轻轻地播下。小

主人说那些是小草的种子，等小草长大后可以帮我在夏季降温、冬季保温，保持我周围湿湿的环境，防止杂草跟我争吃的。呵呵，小主人还说，行间还可以种些豆类、瓜类、草莓、花生等，也可以种绿肥，如毛叶苕子、苜蓿。只要它们比我长得矮一些，不和我抢阳光就可以！是这样啊，那一定会很热闹，好期待啊！

我要摆个漂亮的造型

6月27日　周三　晴

长着长着，小主人发现我的主枝旁边的枝条长得方向太向上了，和主枝离得太近了。小主人知道，这样长枝条就太密集了，会影响我沐浴阳光。于是，小主人就把我主枝旁的枝条轻轻地往外拉，我也感觉好舒坦，就像抻了一个懒腰一样。小主人很有耐心，一直都是那样轻轻地，一点儿都不心急。慢慢地，我的侧枝更加伸展了，离主枝远了一些，阳光照射过来，我感觉好温暖，我的每一个枝条都能吸收到阳光。现在，小主人给我摆的造型就像一个伸开双臂的孩子，在享受阳光带给我的温暖，真是无比的舒服。

我要“活动”一下

6月28日　周四　晴

我的新梢大部分都是直立生长的，我想要换个姿势，因为老是站着很累呢。嘿嘿，主人会不会嫌我懒啊！小主人看我这么懒要帮我调整一下姿势。小主人将那些直立生长的强旺枝条，用手握住，从基部到梢端，慢慢地将其捋平。小主人的动作小心翼翼的，生怕伤到我，只有木质部轻微受到损伤，这样就可以改变我身体里营养的输导方向，缓和营养生长，更有利于积累营养和成花结果。

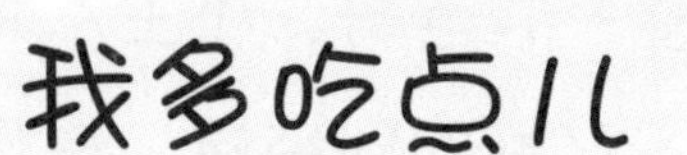

我多吃点儿

6月29日 周五 晴

饿啦！饿啦！最近也不知道是怎么了，吃的越来越多，可感觉就是吃不饱。小主人说现在我的果子正处在长个期，所以需要大量的食物。可是，小主人你知道我现在比较喜欢磷肥和钾肥吗？小主人你多给我些磷肥和钾肥吧！似乎我的小主人总能知道我心里想什么似的，每当我需要什么时，小主人总能及时送给我。我健康的生长真是离不开你呢！

我先喝点儿水

7月1日 周日 晴

小主人你昨天都忙了一整天了，今天休息一下吧！小主人过度劳累容易伤身体。可是小主人不听我的劝告，拎来了一桶又一桶甘甜的清水，浇在我脚下。喝着小主人送给我的水，我发现自己能更好地吸收小主人昨天送给我的吃的。我高兴得随风起舞。小主人肯定知道给我吃的之后要及时地给我补充水分，我才能更好地吸收营养，所以小主人才会不辞辛劳地来喂我水喝。谢谢你的呵护，我爱你，小主人！

我的果子开始长大了

7月14日　周六　阴

随着花朵一个个地萎蔫，枯萎的小白花无精打采地搭在子房的前端。我的子房穿着嫩绿的衣服，现在不停地吸收着营养，越长越胖。呵呵，忘了告诉大家，我的果实生长发育要经历3个时期，即幼果膨大期、硬核期和果实迅速膨大期。我现在就处于幼果膨大期，等我的个子再长高一点点，我果实里的果核就开始发育了。等桃核长成后，果实开始再次迅速生长，直至果实成熟为止。呵呵，做事要循序渐进，我也要这样噢！

再给我松松土吧

7月15日　周日　阴

今天，太阳公公在家休息，天空灰蒙蒙的，吹着小风。我现在已经吃饱了，喝足了。我在风中伸伸胳膊，伸伸脚。我感觉我的小脚好像不太满足现在小小的空间了，它在努力地向前、向下伸。我知道我的小脚想去探索一下前面的环境是什么样子，可是周围的土紧紧地抱在一起，小脚想往前走一步是那么困难。我的根尖每天都在努力地伸长、生长着，努力地向前挤着。小主人好像感觉到了我的痛苦，她拿锄头轻轻地松着我脚周围的土。现在，我的脚可以快速去探索未知的空间了。

夏天来了，我要剪发喽

7月20日　周五　晴

走过春天，我又昂首迈进夏天，现在的我伸展着胳膊，穿着绿叶。由于小主人对我无微不至的照顾，我又长出大量的新梢。小主人说今天要给我理理发。小主人先把那些疯长的枝条改造成能结果的枝条，摆放了一下枝条的位置，让我能更多地吸收温暖的阳光，也像是梳理了我的头发，使我更加舒服，然后摘去主枝旁边的细小枝条，这样做可以使我身体更加强壮，还可以使花芽更肥硕。到现在我能成长得这么顺利，小主人真是功不可没啊！

我不喜欢湿湿的家

8月6日　周一　雨

连续几天下雨，我的脚下湿湿的好难受啊！小主人，我好讨厌湿湿的环境啊，总是在这样的环境下，会造成根颈病害的。小主人担心我的状态了，来到我身边，把我脚边的湿土清除一些，使我能有一个舒适，不至于太湿的环境。今年夏天下了好几场雨，有大有小，小主人都这样给我除土。雨下得小时，只是除一薄层，雨下得大时就会除的深一些。为了给我提供一个舒适的环境，小主人真的受累了。

小主人帮我脱衣服

8月15日 周三 晴

今天碧空如洗，我的果子长得怎么样了呢？我感觉果实已经沉甸甸的了，再有7~8天好像果子就可以采摘了。嘿嘿！小主人，你来了。9点多钟了，小主人来把我果子上的衣服拿下来了，因为是一个个的取，11点了小主人还没有干完。小主人说，下午再来帮你弄吧。11~15点的时候，空气环境太热，会把你的果子晒坏的。呵呵，小主人你可真细心！

我的果实成熟了

8月18日　周六　晴

今天阳光明媚，空气中散发着阵阵清香。我的心情也特别好，经过两个多月的成长，我的果实已经发育成熟了，且长得丰满，表面已经开始泛白。小主人，你用手摸摸，我的果子是不是感觉很柔软。小主人，你采摘的时候可要记住12个字哦“手心托、满把握、向侧扳、不扭转”，千万别用手指按压果实和强拉果实，因为我的果皮薄，这样很容易弄伤我的果实或折断枝条。果肉还很软，所以，小主人你要将果子送人时，一定要用硬的纸板箱装，不能挤压哦！

给我补充点儿营养吧

9月2日　周日　晴

小主人快来看看我啊！我的叶子怎么由浓绿色开始变为黄绿色了呢，并且黄的程度正在逐渐加深，连叶柄和叶脉也开始变红，新的叶片长得也很慢。现在还没到秋天呢，我是不是生病了？小主人来仔细地观察了我一阵后，说我缺氮了，如果缺少严重我会不健康，叶片很小、花芽也少、连新梢都会又短又细的。

挑食后果很严重

9月3日 周一 晴

昨天小主人发现我缺氮素后给我施了一些氮肥，今天小主人告诉我要均匀地吸收营养，不能挑食，缺了任何一种营养元素我都不能健康地生长。小主人还跟我讲如果我缺磷，叶片呈红褐色、果实晦暗、果肉松软、味酸；如果缺钙根就不能正常生长，等等。哦，看来挑食的坏处可真多！我一定要全面补充营养，不挑食，健康成长。

秋风姐姐把我的头发染黄了

10月15日 周一 晴

今天万里无云，可气温却很低，我感到凉飕飕的。最近这些日子都是这个样子，早晚很冷，中午阳光晒得我又有些热乎乎的，但总的感觉温度是越来越低。我的叶子和周围的伙伴一样都开始变黄，远看金灿灿的，小主人说像金子。可是我总觉得没有绿色那么充满生机活力。我的心里还有一丝丝的伤感。

我的朋友要远行

10月20日　周六　晴

可能是要到分别的日子了，这几天总感觉我的叶子想使劲地抓我，可心有余而力不足啊！特别是那些变黄的叶子。忽然刮起一阵大风，一些黄黄的叶子没有抓住，被吹走了。风姐姐好像很喜欢看叶子起舞，就使劲使劲地吹，我身上的叶子和其他伙伴们的叶子一样，越来越多地离我们而去。

肥

睡前大餐

10月28日　周日　晴

现在的我好难看啊——叶子都快落光了。小主人你还是不要看我啦！小主人笑嘻嘻地说我要冬眠了，落叶是为明年长出新的叶子做准备，也是为了冬天更好地休息。不过为了我明年长得更好，小主人还要再给我一些吃的，让我在睡之前把根长得壮壮的。小主人这么一说我还真有些饿了，小主人快给我吃的吧！我现在吃这么多，可不是贪嘴，是为了明年能够结出更多又大又甜的果实，所以小主人要多给我施些有机肥啊！

我需要件保护服

10月30日 周二 阴

阿嚏，好冷啊！小主人快给我穿件衣服吧！小主人将已经调好的涂白液给我刷到树干上，这样就可以防止冻害发生了。因为冬天夜里温度很低，到了白天，受到阳光照射，气温升高，而树干是黑褐色的，易于吸收热量，树干温度上升很快，这样一冷一热，树干容易冻裂，涂上石灰后，能够使一些阳光被反射掉，就可以有效防止冻害了，而且还可以防止害虫来捣乱呢。

我要“理发”

11月5日 周一 晴

我的枝条生长能力可强了，一年生长好多次，这样使我的头发乱蓬蓬的，通风透光效果都不好了。于是小主人准备在睡觉前给我理次发。小主人把我树冠内交叉在一起的、重叠在一起的、生虫子的、细小的和长得太拥挤的枝条都剪掉了，而且小主人还要给我整形呢，小主人说要给我修剪成自然开心形，这个树形通风透光好，有利于我以后生长。经过小主人的修剪，我精神多了！

我们植物也要讲卫生

11月10日 周六 晴

今天的气温很低，寒风阵阵，我的叶子几乎要掉光了，落得满地都是。我打量着自己，不对呀，我的皮怎么都翘起来了？小主人来了，说要将这些翘皮统统刮掉，还要把落叶打扫干净，否则小虫子就要藏在里面过冬，明年春天会伤害我。小主人刮掉我身上的翘皮，剪掉了枯枝，清理了落叶，集中到院子的一角烧掉了。这下环境好多了，我们植物也要讲卫生。

我要穿冰衣了

12月1日　周六　晴

冬天要来了，我要睡觉了，可是小主人我会不会冷啊？你看到了冬天气温都在0℃以下，我的脚怕冷怎么办啊？小主人自言自语地说："没事没事，这不给你加衣服了吗。小桃树你要记得这衣服不能穿得太晚，要不根颈部积水或者水分过多，夜里结冰，白天融化，这样会很容易使你得上一种叫茎腐病的疾病；如果秋雨过多，土壤就会很黏而且很沉重，这样就不用穿这件衣服喽！否则的话，就会影响你的生长了。"

我想穿个厚鞋

12月2日 周日 阴

没了叶子，身上冷飕飕的，特别是脚下，阵阵发凉，想到将要面临的冬天，更让我不寒而栗。小主人倒是非常体谅我，先是让我喝足水，又在我的脚下培了一些土，说这样可以保证我几个月不觉得口渴，保证我的脚不致冻伤。小主人忙得满头大汗，我也感觉好多了，不再觉得口渴，不再觉得冷。我要好好睡上一觉，养精蓄锐，等待明年春天的到来。